鲁林希 著

机械工业出版社
China Machine Press

图书在版编目（CIP）数据

自言自语 / 鲁林希著 .-- 北京：机械工业出版社，2022.1
ISBN 978-7-111-69910-1

I.①自⋯ II.①鲁⋯ III.①心理学 – 通俗读物 IV.① B84-49

中国版本图书馆 CIP 数据核字（2021）第 261510 号

自言自语

出版发行：机械工业出版社（北京市西城区百万庄大街 22 号　邮政编码：100037）
责任编辑：邹慧颖　　彭　箫
责任校对：殷　虹
印　　刷：文畅阁印刷有限公司
版　　次：2022 年 1 月第 1 版第 1 次印刷
开　　本：130mm×185mm　1/32
印　　张：6.25
书　　号：ISBN 978-7-111-69910-1
定　　价：79.00 元

客服电话：(010) 88361066　88379833　68326294　　投稿热线：(010) 88379007
华章网站：www.hzbook.com　　　　　　　　　　　读者信箱：hzjg@hzbook.com

版权所有・侵权必究
封底无防伪标均为盗版　　本书法律顾问：北京大成律师事务所　韩光 / 邹晓东

— 在接下来的约两个月里,
让我们花一点点的时间"自言自语";
希望未来的每一天,
我们都能比昨天更爱自己。♥

职业　　　　　　　　　财务

　　　　　　　　　　　你的目标

心态 ←

成长　　　　　　　生活

旅行

如果人生是一张画布，
你希望描绘出怎样的风景？
请试着在这里写下你的梦想和期待。
不论大小，好好做梦，
都是梦想成真的第一步。♥

关系

健康

● 自我觉知

午休时，睡觉前，思绪停滞的时候……

不妨选择一个安静的空间，
扫描右边的二维码，
和我一起做一次自我觉知的练习。

目录

第 1 章　你，真的了解你自己吗 /1

所有的喜怒哀乐，
都有它存在的价值。

第 2 章　抑郁、焦虑、愤怒、无助？
赶跑你的情绪小怪兽 /40

购物、美食、唱歌，还是旅行？
其实快乐远没有你想象的那么复杂。

愿望清单

第 3 章　拥有一天的好心情，
　　　　你可以做的有很多 /84

生活中的点滴小事，
都可以帮你收获想要的幸福感。

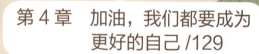

第 4 章　加油，我们都要成为
　　　　更好的自己 /129

做一个阳光、善良、包容的人，
学会思考，懂得爱与被爱。

自我觉知

• 自我观察

著名的神经学家艾伦·沃特金斯（Alan Watkins）在 TED 演讲中说过：

" 人的一生可以感受到
超过 34 000 种情绪，
―――――――――――――――
而绝大多数人只能说出 10 ~ 15 种。"

轻松　难堪　惋惜
想念　佩服　幸福　无地自容　振奋
如坐针毡　失落　苦涩　烦躁　平静
　　　不爽　气馁　心花怒放　激动
压抑　　心满意足　怀念　　开心
嫉妒　焦虑　　着迷
心惊肉跳　渴望　愉悦　忧虑　心旷神怡
　　　　　　窝火　疑惑
　　无力感　狂喜　纷扰
失落　痛苦　　伤心
　　烦闷　　悠然自得　迷茫
如释重负　满足　孤独　冷静
　　甜蜜　心平气和　感激
　　　消沉　委屈　钦佩
歉疚

请尝试着用不同的情绪词语概括你的每一天：

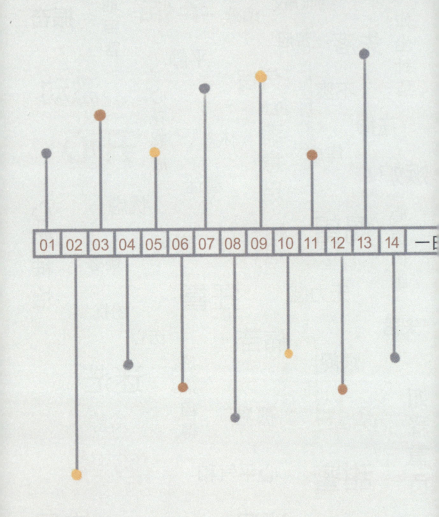

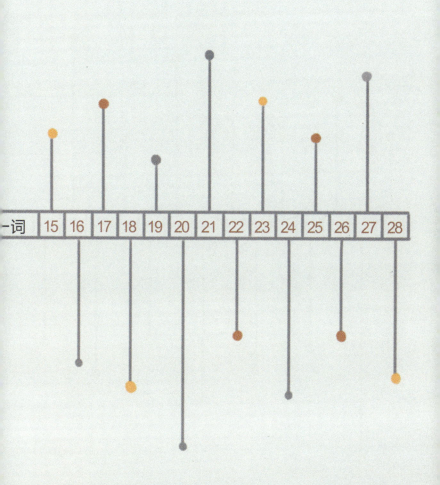

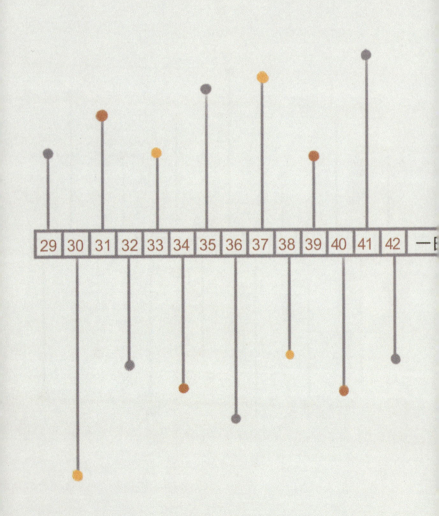

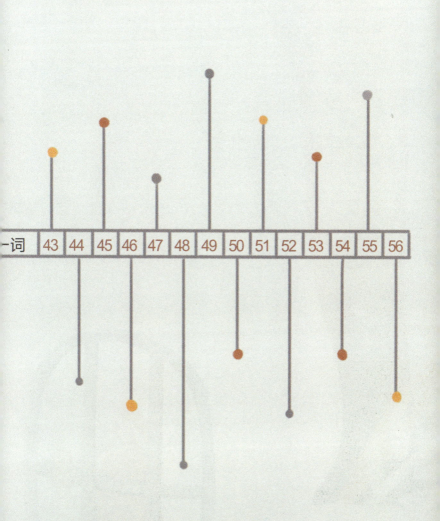

第1章
你,真的了解你自己吗

亲爱的朋友，

我想请你设想一下：如果人生中所有的负面情绪都消失了，你是不是会过得非常幸福、顺遂呢？

其实生活中，就有这么一群孩子：他们患有罕见的常染色体遗传病，生下来就没有任何痛觉。所以他们摔倒了不会哭泣，生病了不会感到不舒服，甚至连做手术也不需要任何麻药。

听上去好像很幸福，对吧？

可是没有疼痛，孩子们就不懂得规避风险，学不会自我保护，受伤后也不会主动寻求帮助。

所以他们会把手放在滚烫的火炉上，饶有兴致地观察；也会一直啃咬自己的手指直到鲜血淋漓而毫不自知……

事实上，他们中的很多人，甚至活不到成年。

负面情绪，就像是我们的心理痛觉：如果没有压力，我们就不会有动力；没有恐惧，我们就不会有敬畏；没有愤怒，我们就不愿意改变；没有悲伤，我们就体会不到别人的悲伤。我们应该学着拥抱所有的情绪，因为它们就好像是大脑里天然的小闹铃，时刻提醒着我们：是时候要改变环境，或者改变自己了。

但是，我们生活在一个情绪内敛型的社会里。相信你和我一样，从小就常常被教导着"不要开怀大笑，也不能放声大哭"——喜悲不形于色，才意味着真正的成熟懂事。于是，面对负面情绪时，有些人选择转移自己的注意力：悲伤抑郁了，就疯狂地购物，疯狂地吃东西。有些人选择逃避要面对的事实：焦虑不安了，手上的工作任务，能拖一天，就是一天……

这样的方法，从来都是低效甚至起反作用的。根据估算，中国泛抑郁人数超过 9500 万，但是这些人之中却只有 10% 会去就诊。当前中国 73.6% 的城镇居民处于心理亚健康状态。情绪健康比生理健康更需要我们精心地维护。

总说我们是自己身体的主人，但其实，我们很可能并没有想象中那么了解自己：你知道自己会因为什么而愤怒吗？你会因为什么而喜悦呢？

如果你愿意，在未来的几个星期里，我们可以一起，每天多了解自己一点点，多关照生活一点点……

第一周

了解自己是一切智慧的开始。

——亚里士多德（Aristotle）

> 好好照顾你的身体，
> 它也会好好地照顾你。

	周一	周二	周三	周四	周五	周六	周日
• 一天喝满 8 杯水	♡	♡	♡	♡	♡	♡	♡
• 锻炼 30 分钟	○	○	○	○	○	○	○
• 阅读纸质书 30 分钟	△	△	△	△	△	△	△
• 不碰电子产品 1 个小时	□	□	□	□	□	□	□
• 规律作息	☁	☁	☁	☁	☁	☁	☁

周一	周二	周三

周四	周五	周六	周日

重要事项

第 1 天
你可能没有想象中那么了解自己

第一次邀请"男神"或"女神"约会,做什么最容易成功在一起?

心理学家们发现:

与其把活动安排得浪漫感人,不如选择一些刺激的事情——逛一逛鬼屋,坐一次过山车,或是看一场恐怖电影。

这究竟是为什么呢?

呼吸急促、心跳加快、肾上腺素激增……
这虽是"一见钟情"的附带产物,
却也是我们面对惊险刺激的普遍生理反应。
很有可能,在一起参与了这些活动以后,
"男神"或"女神"以为自己坠入了爱河,殊不知一切只是体验游戏的附赠品。

我们可能没有自己想象中那么了解自己:
我们能够感知到的是不同的生理波动,
但情绪是所有复杂感知的集合体。

所以,我们常常没办法分清自己感知到的到底是恐惧还是愤怒,是委屈还是生气,是焦虑还是苦恼。

然而,正确地认识并表达自己的情绪非常重要。

因为我们的大脑对于每一种不同的情绪,都有不同的工具箱。

如果我们能很好地认识并表达不同的情绪,大脑就能够发出更准确的对应指令:

我们究竟是该哭,还是该索取拥抱?是该发泄愤怒,还是该提升自己?

掌控情绪,从正确地体察、分析、描述情绪开始。

自言自语

年　月　日

今日幸福指数：

今日小目标：

♥

♥

♥

最期待的事：

一日一思：

今天的你，体验过的最复杂的情绪是什么？
当时，你处于什么样的生理状态？

第 2 天
别太高估自己的意志力

我想请你闭上眼睛设想一下：
在野外，如果不靠食物和水，你能生存几天？

我猜，你在不同的时间段给出的答案，可能完全不一样。
假设这时，你慵懒地躺在床上，不渴不饿，那相比刚刚大汗淋漓地锻炼完，你的预估时长要多出整整一倍。

大快朵颐之后，我们总以为自己能挨饿很久；
直面病痛之前，想象里的疼痛可能也远不如现实中的让人感到煎熬。
其实，人们在心满意足的时候，
往往会高估自己的意志力。

因此，提高执行力的最好办法，
就是在万事如意之时，帮助自己排除诱惑，创造一个最佳环境：

美餐过后想要减肥的时候，与其兴致勃勃地畅想未来，
不如趁着饱腹感，起身把垃圾食品都藏起来。
通宵打游戏过后立志发奋图强的时候，
与其坚信自己未来都不会再碰游戏，不如把电子产品统统锁起来。

不要高估自己的意志力，不要刻意挑战自己的决心；
在最渴望改变与学习的瞬间，提前杜绝一切诱惑的可能。

永远记住：
你可能没有自己想象的那般坚毅。

■ 自言自语 ■

　　年　月　日

今日幸福指数：
♡♡♡♡♡

今日小目标：

♥

♥

♥

最具幸福感的瞬间：

一日一思：

你现在有什么样的目标？
又需要因此在环境上做出什么样的改变？

请对应着你希望做出的改变，好好整理一下自己周围的物品：
可以把零食藏起来，把游戏卸载，把手机静音……
学习也好，生活也罢，良好的环境可以让你事半功倍。

第 3 天
"心如止水",我们会成为更"优秀"的人吗

在电影《星际迷航》里,有一位很受欢迎的角色,叫作斯波克(Spock)。

斯波克生来就没有情绪,处事公正、严谨。他做出的所有决定,仿佛都是理性上的最优解。

于是很多影迷都希望成为像斯波克一样的存在:

如果我们能摒弃所有情感因素的影响,像人工智能一样客观地做出分析,我们一定能更快地做出更好的选择。

但是事实往往相反。

科学家曾经对一群因前额叶受损而无法感知到任何情绪的病人展开了研究。没有了情绪的干扰,这群病人却连做出一个极其简单的选择(选草莓还是葡萄口味的冰激凌)都需要思考良久。

为什么失去了情绪,人们没有变得更理性、更高效,反而更加优柔寡断了呢?

其实情绪是大自然送给我们的最神奇的礼物。它让我们拥有了悲喜、好恶;让我们能在瞬间,本能地做出最恰当的选择。

在人类的世界里,理性和感性从来都不是对立的存在。事实上,两者相辅相成,缺一不可。

只有承认所有情绪的价值,我们才可以为自己的情绪负责,才有可能变为更"理性""完整"的自己。

｜自言自语｜

年　月　日

今日幸福指数：

今日小目标：　　　　　　　　　最感恩的一件事：

♥

♥

♥

一日一思：

回想近期遇到的特别糟糕的一件事，认真地把事件描述出来。想一想，它给你传递了什么样的信号。

第 4 天
小事随脑，大事从心

平时，你是怎么做决定的呢？

如果你手上有两卷不同品牌的卫生纸，
你会仔细考虑究竟要买哪一卷吗？
当你需要买房、买车，或是选择自己的人生伴侣时，
你会随心所欲，还是会客观分析呢？

《科学》期刊的一篇论文研究发现：
其实在面对复杂问题的时候，相信直觉可能会给我们更好的答案，
但是在面对简单选择的时候，往往认真分析，才能得出最优解。

这是因为，虽然我们的大脑能长时间地储存很多不同的记忆，
但是瞬时记忆的能力却非常有限：
我们只能在短时间内刻意记住 7 个左右的关键信息。

就如复杂难解的数学应用题，
一旦需要权衡、对比的条件增多，
没有辅助工具，我们的大脑往往会顾此失彼
——想得越多，就越容易钻到死胡同里，
只顾着细节，而忽略了全局。

但神奇的是，
我们潜意识的分析能力，却没有任何的限制与边界。
很多时候，我们下意识表现出的偏好与喜爱，
纵使看似毫无逻辑，却很有可能是潜意识替我们选出的"最优解"。

所以下一次不妨试着：
小事随脑，仔细分析；大事从心，听从直觉。

| 自言自语 |

年　月　日

今日幸福指数：

今日小目标：

今天我学到了什么：

一日一思：

平时，你是通过什么样的方式做出决定的呢？
在这其中，有什么可以总结的经验方法？
还隐含着什么需要规避的错误习惯？

第 5 天
情绪颗粒度

设想一下：
突然发生了一场特大自然灾害，死伤无数。
刚刚得知消息的你，会如何描述自己的感觉呢？

一种人或许会这样回答：
"我感到很糟糕，很烦。我也说不出来，但就是糟糕透顶。"

另一种人则会这样回答：
"我首先感受到的是震惊和抗拒，其次是悲伤和痛苦，最后是深深的无助感。"

其实后者就是拥有"高情绪颗粒度"的群体。

高情绪颗粒度意味着：我们能很好地体察并表达自己的情绪。我们不会因为自己"无名的怒火"而胡乱泄愤，却能很好地分析错综复杂的情感——通过分析，我们可以追溯情绪的起源，从而改变自己或者环境。

一个小宝宝，不论遇到的是悲伤还是嫉妒，是疲惫还是饥饿，都只有一种解决方法——哭闹。

这是为什么呢？

小宝宝不理解自己的感受，也没办法表达自己的情绪，所以遇到任何负面情绪，他都需要动用全身的能量发泄。高情绪颗粒度能够极大程度地减少我们处理情绪所耗费的精力与脑力。

如何通过训练来提高自己的情绪颗粒度呢？

不妨每天花一点时间记录、分析自己的情绪，尝试着把每一点小情绪都书写出来，并找到它们背后的原因。努力思考一下：我为什么会有这样的情绪？这些情绪是否在警醒着我做出什么改变？

│自言自语│

年　月　日

今日幸福指数：
♡♡♡♡♡

今日小目标：　　　　　　　最期待的事：

♥

♥

♥

一日一思：

回想生活中一个百感交集的时刻。当时你的心中充斥了哪些具体的情绪？你能把它们详细地描述出来吗？

你真的了解自己的身体、自己的喜怒哀乐吗？
有什么会让你精力充沛、心动快乐？
又有什么会让你感到悲伤恐惧、筋疲力尽？

花一点时间，给自己做一份小小的调查问卷吧。

1. 平均而言，你每天可以收获 _____ 小时的睡眠，它对你来说：

☐ 足够了　　　☐ 远远不够

2. 你喜欢自己的生活状态吗？
如果可以，你希望做出这些改变：

3. 为了更好地照顾你的身体和心理健康，你可以……

做这些运动：　　　　吃这些食物：

创造这样的生活方式：

第 6 天
身·心

自言自语	今日幸福指数：
年　月　日	♡♡♡♡♡

让我感到快乐的事物：　　　　让我感到幸福的事物：

———————　　———————

———————　　———————

让我感到悲伤的事物：　　　　让我感到恐惧的事物：

———————　　———————

———————　　———————

第 7 天
一周总结

是什么促使你决定从这一周开始踏上"自言自语"的旅途?

回顾这一周的生活,你有什么感触与体悟?

这周里,最具幸福感的五个瞬间是……

自言自语

　年　月　日

今日幸福指数：
♡♡♡♡♡

最有成就感的三件事是……

我为了更好地照顾自己，尝试了……

下一周，我希望自己可以尝试……

第二周

喜欢自己，比喜欢世界更重要。

有什么生活中的小事，可以让你变得更快乐呢？
自己选择五件，好好地坚持一周吧。

　　　　　　　周一　周二　周三　周四　周五　周六　周日

....
....　♡　♡　♡　♡　♡　♡　♡

....
....　○　○　○　○　○　○　○

....
....　△　△　△　△　△　△　△

....
....　□　□　□　□　□　□　□

....
....　☁　☁　☁　☁　☁　☁　☁

周一	周二	周三

周四	周五	周六	周日

重要事项

有些人总习惯把最大的脾气,
发在最亲密的人身上。
他们在外人面前彬彬有礼,
关起门来却暴跳如雷。
就好像月光照亮了大地,
却把黑暗留在了自己身边。

"月亮型"的人其实很可悲,
因为他们恭维了最不值得的人,
却伤害了最值得爱的人。
负面情绪会累积,会转移,
会传递到最无辜的人身上。

我们为什么要向最爱的人展露自己最糟糕的一面?
是因为我们仗着被爱而肆意妄为?
是因为我们觉得被依赖而唯我独尊?

很多时候,
我们都在对自己的伴侣、父母、子女、朋友
进行着精神家暴而不自知。

你是"月亮型"的人吗?
你身边,有"月亮型"的人吗?

· ·

第 8 天
你是"月亮型"的人吗

| 自言自语 |

年　月　日

今日幸福指数：
♡♡♡♡♡

今日小目标：

今天我碰到了一个有趣的人：

....

....

....

....

....

....

....

....

一日一思：

● 愤怒的时候，你通常会选择做什么呢？

● 认真想来，这样的方法是有效还是无效的？

我们都是在被爱的过程中学会如何去爱的。
但并不是每一个人都足够幸运，
能够拥有和谐、温暖、充满鼓励的原生家庭。
很多时候，即便我们过了而立之年，远离父母，
原生家庭给我们带来的影响却很有可能一辈子相随：

父母脾气暴躁，我们明明立志要谦和待人，
长大了却总也按捺不住火爆的脾气；

亲戚们冷嘲热讽，我们明明时刻鼓励自己要自信勇敢，
却总是在关键时刻，自嘲自卑。

我们究竟该如何摆脱刻在身上的痕迹呢？

告诉自己：
父母没有学会当好父母，从来都不是你的错。
你不需要去背负他们施加在你身上的伤害，
试着用我们希望父母对我们的方式，自己抚育自己。

你也可以用第三者的视角，观察自己的性格、习惯与处世之道。
仔细地想一想：你在无形之中，受到了他们什么样的影响？

下一次，不论是别人踩到了你的"高压线"，
抑或是自己想要用错误的方式重蹈覆辙，
有意识地提醒一下自己：
你的人生，永远只属于你自己。

第 9 天
原生家庭

自言自语

年　月　日

今日幸福指数：
♡♡♡♡♡

今日小目标：

今天的生活让我学到了：

……………………………………

……………………………………

……………………………………

……………………………………

……………………………………

……………………………………

……………………………………

一日一思：

- 你的原生家庭给你带来了什么样的影响？

心理学家们发现:
孩子们一生下来,好像就有各不相同的性格气质。
有些孩子,就像开在墙角的雏菊,
他们很少哭泣、很少生病,不需要过多的关注与照料就可以茁壮成长;还有些孩子,仿佛更为敏感、更为柔弱,
他们就像温室里的兰花,只有得到大人们的细心看护,才可以顺利长大。

于是很多人都说:雏菊多好呀,在任何环境里都可以活下去。

可是近些年来,心理学家们却发现了一个更有趣的现象:
那些看似娇弱的"兰花孩子",
只要处在足够良好的环境中,得到了足够多的关怀与照料,
就可以比"雏菊孩子"更为美丽地绽放。

其实这些孩子并非生来较弱,只不过是对环境影响更为敏感罢了。

先天或者是后天,一直是很多人探讨的话题。
内向、外向?敏感、迟钝?
我们总是试图把不同的气质类型分成三六九等,
但事实却不是这样的。

多愁善感的孩子,虽然更容易抑郁,
但同样也更有正义感。
内向的孩子,虽然不喜欢登台演讲,
却可以长时间专注地完成看似枯燥乏味的工作。

或许我们并不需要把自己都"矫正"成最好的模样,
而是去寻找最适合自己的环境。

在那里,不论你是内向还是外向,
多愁善感抑或是大大咧咧,
都能格外美丽地绽放。

第 10 天
雏菊与兰花

| 自言自语 |

年　月　日

今日幸福指数：♡♡♡♡♡

今日小目标：

一日一思：

● 如果只能用五个词语来形容你自己，你会选择什么呢？

为了好好照顾自己，今天我：

● 你觉得自己是什么性格的人？最适合什么样的环境？

不知道你是否有过这样的经历:
晚上睡不着,白天起不来?
明明睡够了八个小时,
却还是觉得一整天都极为疲乏、情绪不佳?
工作的时候脑袋迷迷糊糊,临睡前又精神百倍?

如果是,那你的生理节律可能出了问题。

其实每一个人最舒服、最适合的生活方式都是不一样的。
正如远古时期,
有的人需要白天狩猎,
有的人需要晚上守夜;
现代社会里,人也有"早起鸟"和"夜猫子"之分。

有些人适合白天工作;
而有些人,反倒是在夜间充满了灵感。
强行地要求人们作息一致,
不仅会降低工作效率、损害情绪健康,
甚至会影响他们的身体健康。

我们所应该追求的,
应该是有规律的生活作息,
而非全社会统一的"黄金标准"。

如果你经常"睡不醒""睡不着",
不妨停下来找一找最适合自己的作息方式,
说不定会有事半功倍的效果。

第 11 天
生理节律

| 自言自语 |

年　月　日

今日幸福指数：
♡♡♡♡♡

今日小目标：

一句自我激励的话：

………………………………

………………………………

………………………………

………………………………

………………………………

………………………………

………………………………

一日一思：

● 仔细回想一下你感到最舒服的一天。
  通常在什么时间段，你最为清醒？在什么时间段你最具创造力？

"女孩学不好数学!"
"男孩读不好英语!"
"一孕傻三年!"
"穷人家的孩子成不了大事!"
……

想必大家,或多或少都听到过类似带有偏见与歧视的言论吧。
但是对于这类言论的危害,大家又知道多少呢?

科学家曾经做过这样的一组实验:
他们让男孩和女孩分别解答一些稍有挑战性的数学题目。
最开始,男孩和女孩的发挥不分伯仲;
然而一旦科学家提起"女孩学不好数学"的谣言,
女孩的数学表现水平就会开始直线下降。

诚然,每个人的成长环境和擅长方向确实有一些差异,
但是这些差异远没有社会的误解和偏见带给我们的影响更大。
贴在我们身上的一个个标签,
就如同无形的枷锁,束缚着我们的一言一行。

如果你为人父母、领导,或师长,不妨反思一下自己的语言:
是否曾以"过来人"的经验之谈,限制了他人的发展空间?
如果你不曾把这样的偏见映射到他人的身上,也不妨静心想一想:
自己是否曾在不知不觉中,被这样的偏见与歧视所影响?

切莫自我设限,永远记住:
没有人可以定义我们。

第 12 天
标签、映射与枷锁

自言自语

年　月　日

今日幸福指数：
♡♡♡♡♡

今日小目标：

☁

☁

☁

我是如何为今天做好准备的：

....

....

....

....

....

....

....

一日一思：

- 他人曾经给你贴过什么样的标签？你是否被这样的标签所影响？

- 如果是，你应该如何去克服这样的影响呢？

第 13 天
关系

爱与被爱,都是很温暖的事情。
健康、温暖的友情、亲情、爱情,就是你最坚实的后盾。

- 你和家人们的互动模式是什么样的?
  你喜欢和家人之间相处的状态吗?

- 主动对家人说一句表达感恩的话。
  他们听完之后,有什么反应呢?

自言自语
　　年　月　日

今日幸福指数：
♡♡♡♡♡

- 我的朋友们是什么样的人？
  和朋友们的相处会令我感到舒适吗？

- 我能从朋友的身上学到什么？

- 朋友们有没有什么坏习惯，给我带来了负面的影响？

- 我生活中缺少的一种关系是什么？
  在目前的亲情、友情或爱情中，
  有什么可以改善的方面呢？

第 14 天
一周总结

你可以这样形容你的这一周

   ....

最棒的早晨是这样的:

你是这么排解压力的:

压力最大的时刻:

你为别人做的五件小事:

值得感恩的三件事:

|自言自语|
　　年　月　日

今日幸福指数：
♡♡♡♡♡

我为了更好地了解自己，尝试了……

 ·······························

我希望自己可以……

第 2 章

抑郁、焦虑、愤怒、无助?
赶跑你的情绪小怪兽

我想邀请你和我一起，闭上眼睛，回想一下：上一次号啕大哭是在什么时候？上一次毫无保留地向别人诉说自己的痛苦又是在什么时候？

你不用告诉我答案。我猜，我们中的绝大多数可能都很久没有好好直面过自己的内心了。

很多人都说，这个世界这么忙。我们不可以也不应该去打扰别人的生活。成长意味着我们要学会穿上正能量的盔甲，不给别人添麻烦，不给社会添麻烦。

· · ·

我的好朋友 L 曾经就是一个特别会故作坚强的人。受了委屈，她装得毫不在乎；被他人激怒，她一笑而过；无论有多害怕，多痛苦，多难受，多无助，她都会选择咬牙一个人扛。

直到 L 有了宝宝。

2016 年，生完孩子的第二天，她开始莫名其妙地哭泣。吃着饭、刷着牙，豆大的泪水就会顺着她的脸颊流下来。紧接着，她开始毫无原因地失眠。闭上眼，她就会焦虑地想：宝宝会不会脱水？有没有饿到？如果毯子压住他的口鼻怎么办？如果他睡觉的时候忘记呼吸怎么办？

然后，她开始感到暴躁，心想：宝宝怎么还哭呢？奶我也喂了呀，尿不湿我也换了呀。歌我唱了一遍又一遍，各种姿势的抱法我都换过了呀。

下一秒，她又开始瞧不起自己：为什么我连照顾孩子这么简单的事情都做不好呢？

她突然觉得生活失去了所有的色彩。她清楚地知道自己生病了，可是不敢向任何人诉说。她害怕的不是可能要面对的治疗，而是大家听完以后的反应。"大家都有压力，怎么就你这么脆弱呢？""你条件这么好、这么幸福，有什么可抑郁的？""你抑郁了，是不是头脑有问题？"

直到一个月以后，家人们终于发现了她的异常。瞒到实在瞒不住的时候，她只能选择全盘交代。

L和我说，她的丈夫在听完以后，很认真地和她谈了一次。他说："L，结婚的时候，我们承诺过不论遇到痛苦疾病，都要相依相守。但现在你选择把自己的心埋起来的同时，也选择推开了我。你以为这样做是不给我添麻烦，其实是低估了我对你的爱。"

那是L很多年以来，第一次像个孩子一样放声大哭。L抱着她的先生，肆意地宣泄着从怀孕到生孩子所有的委屈和痛苦。等眼泪哭干了，L的先生就陪着她一起，做了所有应该做的治疗。

后来，L告诉我说，至今为止，她回想起生病时的样子，刻在自己脑海里的全是先生陪她走过的每一个瞬间。回头想想，她突然发现原来不那么坚强其实也没有什么关系，原来承认自己生病其实也没那么可怕。这是因为，就算我们真的不能让自己坚强起来，我们还有所爱之人可以依靠。

故作坚强有时不仅会伤害自己，还会伤害他人。因为面对负面情绪，我们除了逃避，最常做的就是将负面情绪转移到他人身上。

• • •

我的学生 K 曾经和我分享过一个故事。

她说：

"我清楚地记得初中二年级时的一个晚上，我和女同学们逛街，晚回家了两个小时。这本该是一件很小的事情，可是我的妈妈特别反常，她像洪水一样把自己的愤怒倾泻了出来。我记得她两眼通红地说'你长大了是不是？要臭美了是不是？我工作那么辛苦，却还要替你操心'。然后她冲进厨房，拿出了一把剪刀，揪着我的马尾辫，咔嚓一刀，从根部剪了下去。

"我的妈妈非常严厉。从我小时候起她就因为害怕耽误我学习，一直要求我剪齐耳短发。所以可能大家都没有办法理解，那个我偷摸着'养'起来的、像兔耳朵那么短的马尾对我来说有多重要。我也是女孩，我也有爱美的权利，也有不被人耻笑为'假小子'的权利。可是我的妈妈，她就这么咔嚓一剪刀，把一个女孩青春期的自尊心以及对美的所有向往，就这么剪掉了。

"我在那一刻特别特别讨厌我的妈妈。我夺门而出，想着这个世界上怎么会有这样的妈妈。直到后半夜，妈妈哭着把我找回家。她抱着我一遍一遍地说'对不起'。

"后来我才知道,我的妈妈那段时间工作很忙,身体又不好。她害怕我们担心,所以谁都没有告诉。可是她一个人整夜整夜地睡不着觉,胡思乱想着各种各样的'万一'。她的爆发不是因为她喜怒无常,不是因为她不再爱我,只是因为我的晚归是压垮她内心防线的最后一根稻草。"

· · ·

其实我们很多人都忘了,无处安放的负面情绪会让我们的内心变成时刻可能喷发的火山,喷出的岩浆会吞没我们自己,或者吞没其他人。回头想想,K一直觉得,如果妈妈早一点告诉她该有多好;如果自己能早一点帮她分担,又该有多好。

我们总会听到很多"心灵鸡汤"的故事。但正如一个硬币永远都会有两面,这个世界也总会有很多不尽如人意的事情。我们每个人都会痛苦、悲伤、烦闷、焦虑,但这都没关系,因为可怕的不是负面情绪,而是我们失去了面对负面情绪的勇气。

有人说,长大成人的过程,就是把眼泪往肚子里吞的过程。但是今天我想说,成长的过程应该是做回孩子的过程。流眼泪没关系,显示自己的软弱也没关系,在必要的时候去看医生、去打针吃药也没有关系。

找个时间,好好地拥抱自己的委屈与软弱。因为爱真正的意义,就是麻烦别人的同时自己也被麻烦着。

世界确实布满荆棘,但是我们不必时刻都穿着铠甲、故作坚强。

第三周

负面情绪号召着我们付诸行动,它是大自然激发改变的首选媒介。

——马克·曼森(Mark Manson)

生活中从来不乏足够美好的小细节，
不过我们少了那双发现美好的眼睛。

	周一	周二	周三	周四	周五	周六	周日
• 放空一分钟	♡	♡	♡	♡	♡	♡	♡
• 观察一朵云的形状	○	○	○	○	○	○	○
• 走一条不常走的街道	△	△	△	△	△	△	△
• 给自己一个小奖励	□	□	□	□	□	□	□
• 认真地夸一夸最亲近的人	☁	☁	☁	☁	☁	☁	☁

周一	周二	周三

周四	周五	周六	周日

重要事项

第 15 天
抑郁怪圈

心理学家曾经让一群志愿者给两组陌生人随机致电。

两组人里，一组是普通人，另一组则是抑郁症患者。

神奇的是，尽管志愿者和对方素未谋面，但在仅仅 3 分钟以内，志愿者就会因为对方的声音状态而产生不同反应：

在和普通人通话的过程中，志愿者们通常会聊得更久、更开心，也更愿意敞开心扉，但志愿者们却往往会因为不适感，找借口草草结束和抑郁症患者的对话。

情绪是可以被传染的——你的孤独、悲伤等"低气压"，或许早已在举手投足间被传递给了你身边的人。谁不喜欢乐观向上的"小太阳"呢？大家可能都会不自觉地远离不愉快的氛围，而不快乐的人也因为大家的逃避而更加孤独，久而久之，就形成了抑郁怪圈。

我们应该怎么打破这样的怪圈呢？

或许可以尝试一下这两个办法：
用心夸赞一下身边朋友的优点，
主动帮助别人做一件小事。

自言自语

年　月　日

今日幸福指数：

今日小目标：　　　　　　　最期待的事：

♥

♥

♥

一日一思：
你是否曾经历过特别负能量的一段时期？
你用了什么样的方法走出来？

第 16 天
思维映射

如果一位普通人因为意外被关进精神病医院,他要怎么证明自己没有生病呢?

在 20 世纪 70 年代,美国的心理学家大卫·罗森汉恩(David Rosenhan)就做过这样一个大胆的实验:他邀请到了 7 位来自不同行业、心理正常的志愿者,连同他自己,一起假扮成精神病人。他们声称自己有幻听,成功地骗取到了心理医生"精神分裂症"的诊断,被强制入院治疗。在住院期间,心理学家们的一切行为举止都与日常生活无异。可他们中时间最长的,足足花了 52 天,才向医院证明自己没有心理问题,重获自由。

医院对于他们病情诊断的记录更是耐人寻味:
当心理学家在做着例行的实验记录时,护士在病历上写道:
"病人又一次在本子上写写画画,体现出了精神分裂症病人特有的偏执和扭曲。"

当心理学家描述着自己少年时期和父亲较为疏远的关系的时候,医生诊断道:
"病人对于母亲有着病态的依恋,并在婚后把这种状态转移到了妻子的身上。"

听上去很夸张,对不对?但其实我们每一个人,都戴着属于自己的有色眼镜。任何一件事、一个行为都可能有千百种解读的方式,唯独没有的就是绝对正确或错误的理解。

所以,每当我们遇到不愉快的人或者事,不妨停下来想一想:
我们看到的一切,都是真实准确的吗?
或者这仅仅是我们偏见和误解的映射?

| 自言自语 |　　　　　　　　　　　今日幸福指数：
　　年　　月　　日　　　　　　♡♡♡♡♡

今日小目标：　　　　　　　　最具幸福感的瞬间：

♥

♥

♥

一日一思：
你是否曾经对他人有过误解和偏见，错把观点当成事实？

第 17 天
自我认知的准确性

心理学家曾要求神经性厌食症患者们描绘出她们眼中的自己。

即便因为长期的营养不良,患者们早已骨瘦如柴,
但她们依旧会把自己画得格外肥胖。
她们照着镜子,
就像是看着哈哈镜,
永远只能看到扭曲而肥胖的身躯。

其实很多长期的负面情绪,
都像是那面哈哈镜,
都会改变我们的自我认知:
抑郁让我们觉得自己毫无价值,
愤怒让我们觉得全世界都与我们为敌……

在悲天悯人的时候,
不妨想想:
你觉得不幸的世界,
是真实的,
还是你以为的?

| 自言自语 |

年　月　日

今日幸福指数：

今日小目标：　　　　　　　　最感恩的一件事：

♥

♥

♥

一日一思：

你眼中的自己是一个什么样的人呢？
这和他人眼中的你有何区别与共性呢？

第 18 天
魔鬼般的自我催眠

有这样一件事情:

有一个 26 岁的重度抑郁症的男性患者,他参与了一项抗抑郁药开发的实验。实验人员给他发了 30 颗药丸,并叮嘱他,一日一颗,切忌服用过量。他失去了活下去的希望,于是把剩下的 29 颗药丸全部吞了下去。

在吞完药的数小时后,他后悔了,惊慌失措地冲进了一家医院的急诊室。他脸色煞白,呼吸急促,心跳是常人的两倍以上……使用过量的抗抑郁药,完全有致死的可能性。护士们马上抽取了他的血液,进行检测。

非常奇怪的是,在血液检测的结果里,医生没有发现什么问题。原来这名男子,恰巧被随机分配在了药物实验中的"对照组"里。这意味着,他吃的药丸不是抗抑郁药,只是糖果而已。这名身体健康的年轻男性,竟然因为几颗无毒无害的糖果,产生了一系列的濒死反应。

更神奇的是,当医生把这个消息告诉这名男子时,他的生命体征在一瞬间就稳定了下来,不久就出院了。

我们的心理状态能够对生理状态产生巨大的影响。

很多时候让我们恐惧的不是现实,是恐惧本身;
让我们充满希望的也不是好运,而是希望本身。

自言自语

年　月　日

今日幸福指数：
♡♡♡♡♡

今日小目标：

♥

♥

♥

今天我学到了什么：

一日一思：
你是否曾经历过过度放大自己恐惧的时刻呢？
你的心理状态又曾给你的生理状态造成了什么样的影响？

第 19 天
没什么大不了的

人对于未知事物的预判能力其实差到离谱。

在面对不曾经历过的挑战时,我们总会把它们想象得特别可怕:

如果考砸了,所有的老师同学都会觉得我很愚蠢;如果自己负责的项目没有做好,我就再也得不到公司老板的信任;如果站在分享台上出了洋相,公司一定会把我直接开除。

……

但事实真的如此吗?

实验表明,任何陌生事物给我们带来的影响,不论是积极的还是消极的,都会比我们想象的要温和很多。分手了,天不会塌下来;考砸了,也并不意味着世界末日到来。

所以,可怕的其实并不是失败,
而是我们因为单纯的想象,就变得不敢动弹。

面对未知,记得告诉自己一句:"嘿,没什么大不了的。"

自言自语

年　月　日

今日幸福指数：

今日小目标：

♥

♥

♥

最期待的事：

一日一思：

你是否曾有因为未知而感到极度恐惧的瞬间？
在真正经历过后，你的情绪又发生了什么样的改变？

人生不如意事十之八九，怎么办呢？
常想一二就好了。

生活中绝大多数的焦虑，都源自过度夸大的想象和掌控感的缺失。花一点时间，认真地回顾一下你的生活。希望通过回答接下来的几个问题，你能收获一份小小的释然。

目前你在生活中的焦虑指数：

- 那些让你感到焦虑或是压力的事物……

- 你焦虑的根本原因是什么？

- 为了缓解你的压力与焦虑，你可以……

| 自言自语
  年　月　日

今日幸福指数：
♡♡♡♡♡

- 在生活中，
  我可以控制或者改变的事：

- 那些我无能为力的事，
  最糟糕的结果是什么？

- 长远来看，我能接受这些结果吗？

接受　　　　　　　　　不接受

- 对我来说，什么样的减压方式是最有效果的？

第 20 天

释然

第 21 天
一周总结

- 你产生了什么样的负面情绪？

- 你通过什么样的方式和这些情绪和解了？

- 生活中美好的三个小细节：

- 最让你有成就感的一件事：

自言自语

年　月　日

今日幸福指数：
♡♡♡♡♡

- 我帮助别人做了这些事……

   ·

- 我希望……

第四周

没有完美的人生,不完美才是人生。当你为错过太阳而哭泣的时候,你也要错过繁星了。

你觉得有什么小习惯，
可以帮你赶跑自己的情绪小怪兽？
选择五个，好好地坚持一周吧。

	周一	周二	周三	周四	周五	周六	周日
....	♡	♡	♡	♡	♡	♡	♡
....	○	○	○	○	○	○	○
....	△	△	△	△	△	△	△
....	□	□	□	□	□	□	□
....	☁	☁	☁	☁	☁	☁	☁

周一	周二	周三

周四	周五	周六	周日

重要事项

为什么平时很通情达理的人,一吵架就变得不可理喻?

其实人在极端的情绪状态下,思维往往会变得格外局限:

愤怒的时候,
我们共情的能力会大大减弱,
理性思维、换位思考也变得格外困难。
所以在愤怒的时候解决问题,
除了宣泄情绪、口不择言,往往不会有任何正向的结果。

那么,我们应该如何避免因为过于冲动,
做出让自己后悔的行为呢?
其实只要在心里默念"十分钟"就好了。
因为情绪处于峰值的时间往往不会超过十分钟。

如果处在情绪波动中,请不要轻易地说出任何话、做出任何决定。
等自己"冷却"下来,再好好地进行沟通。

忍一忍,转移一下注意力,这十分钟很快就会过去的。

| 自言自语 |　　　　　　　　　　今日幸福指数：
　　年　月　日　　　　　　　　♡♡♡♡♡

今日小目标：

一日一思：

- 你是否曾做出过让现在的自己后悔的决定？

今天我碰到了一个有趣的人：

- 在那个当下,你又为什么会做出那个决定？

医生给抑郁症患者的治疗建议，除了行为疗法和药物辅助以外，通常会含有日常锻炼这一项。

每天 30 分钟以上的有氧运动会刺激人体内啡肽的分泌和释放。内啡肽有近乎吗啡的作用效果。它不仅能缓解生理疼痛，还能带来精神上的愉悦感，助我们睡个安稳觉。

今天，你锻炼了吗？

第 23 天
对抗抑郁的良方是运动

┃自言自语┃

年　月　日

今日幸福指数:
♡♡♡♡♡

今日小目标:

今天的生活让我学到了:

一日一行:

- 抽出一个小时的时间,来一次有氧运动吧。
我们一起好好享受大汗淋漓之后的畅快。

在悲伤痛苦时号啕大哭是人类的本能，
但多年的情感压抑让很多成年人丧失了这样的能力。

你知道吗？
不同情境下的泪水，成分也不一样。
美国明尼苏达大学的心理学家威廉·佛莱发现：
喜悦的泪水味道偏淡，
相比之下，
悲伤生气时的泪水水分不多，味道也偏咸。

科学家们还发现：
在我们因为负面情绪而流的泪水里，
蛋白质含量较多。
在这些结构复杂的蛋白质中，
科学家们发现了一种类似于止痛剂的化学物质。

科学家们推测：
流泪可能也是一种排泄行为，
它能排出人体由于情感压力所造成和积累起来的生化毒素。
长期强忍泪水，
不利于生理、心理的健康。

你上一次号啕大哭，
是在什么时候呢？

第 24 天
你会哭吗

自言自语

年　月　日

今日幸福指数：
♡♡♡♡♡

今日小目标：

☁

☁

☁

为了好好照顾自己，今天我：

一日一思：

● 你上一次大哭是在什么时候？是因为什么呢？

"如果对未来充满恐惧，我们就无法活在当下。"

朋友圈里大家呈现的，永远都是最光鲜亮丽的那一面。你看见别人晒的幸福，未必猜得透背后流的眼泪。

有何可比的呢？幸福的维度本就不止一个，成功的定义也绝不会单一。谁又能断定，谁的一生比别人的更精彩？入土为安的那一刻，你又会以什么样的标准来评判自己的一生呢？

真的要比，就和自己比：
把今天和昨天比，把未来和过去比，
把自己想成为的人和自己所付出的努力比。

毕竟，
攀登无止境。

第 25 天
焦虑的本质是不可控

自言自语

　　年　月　日

今日幸福指数：♡♡♡♡♡

今日小目标：

☁

☁

☁

一句自我激励的话：

一日一思：

- 近期有什么让你感到特别焦虑的事情吗？

　这其中有没有什么是你可以控制或者改变的？
　请详细描述。

某位认知心理学教授曾经给我们分享了一个特别有趣的案例：她的一位好朋友，每次考试的时候都特别容易紧张。为了缓解自己的不安，好友总会在考试前吞下一片镇静剂，以求自己能够不受情绪影响，出色发挥。

结果呢？虽然好友每次面对试卷都心如止水，却永远考得不尽如人意。

这到底是为什么呢？

长期以来，人们一直把焦虑、紧张看作影响发挥的负面情绪。然而事实却是，人类大脑需要情绪来作为刺激，以便更好地记住、提取信息。

如果你不相信，不妨试着回想一下：那些生活中令我们情绪激动的瞬间是不是都给我们留下了深刻的印象？平平淡淡的日子反而很难被想起来？

我们的终极目的应该不是把自己变成完全理性的"机器人"。情绪本身并不会成为学习的阻碍。相反，面对学习材料时，如果我们能联想起自己的生活，让自己产生更多的情绪波动，那么我们可能更高效地学习。或许兴奋、焦虑、伤心与不安，都可以成为学习的催化剂。

第 26 天
情绪与记忆

自言自语
  年　月　日

今日幸福指数：
♡♡♡♡♡

今日小目标：

☁

☁

☁

我是如何为今天做好准备的？

....

....

....

....

....

....

....

....

一日一思：

● 你有没有过情绪使记忆尤为清晰的时候？

《2021年运动与睡眠白皮书》显示：
当下中国有3亿人存在睡眠障碍。

关于"睡好觉"的十个真相，或许能帮你收获一些幸福感：

1. 缺乏睡眠会让你第二天变得更为愤怒、沮丧、焦虑、悲伤。

2. 酒精可以帮助你更快入睡，但是会让你的总体睡眠质量变得更差。

3. 每天适量的有氧运动可以帮助你更好地入睡。

4. 睡前洗一个热水澡、喝一杯热牛奶，
   带着满足感入睡，会提高你的睡眠质量。

5. 尽量不要在床上打游戏、玩手机、写作业……
   让自己的大脑产生条件反射——床只是用来睡觉的。

6. 睡前不要做特别兴奋的事，睡前的30分钟不要做剧烈运动，
   让自己提前进入相对平静的生理状态。

7. "478呼吸法"：吸气4秒，然后再憋气7秒，最后再呼气8秒。
   这种方法或许能助眠。

8. 在思绪很繁杂跳跃、让人难以入眠的时候，可以想象自己被一团
   云朵包裹，从脚开始逐渐变得轻柔，向上飘起。

9. 长期在深睡眠中被惊醒会严重损害记忆力、心血管功能，而且容易让你
   做出不当行为，甚至暴力行为。因此，睡觉时把手机静音，起床闹铃以
   柔和的音乐、渐强的音效为佳。

10. 睡眠的规律性比睡眠时长更重要，不必强求自己10点前入睡。只
    要遵循自身独特的睡眠规律，每天按时休息、按时起床，找到最适
    合的作息时间表，就是最好的。

| 自言自语 |

年　月　日

今日幸福指数：
♡♡♡♡♡

- 从关灯到睡着，一般需要多久呢？

  ☐ 马上入睡　　☐ 超过 30 分钟　　☐ 1 小时以上

- 你每天的睡眠时间有多久？

  ━━●━━━●━━━●━━━●━━━●━━━●━━ 小时
  　4　　5　　6　　7　　8　　9

- 每天醒来的时候，你会记得之前做过的梦吗？

  ☐ 会　　　　　☐ 不会

- 你会不会在深睡的时候被闹铃惊醒？

  ☐ 会　　　　　☐ 不会

- 在白天的学习生活中，你：

  ☐ 记忆力下降，健忘

  ☐ 情绪不稳定

  ☐ 时常会感到困倦

  ☐ 脸色憔悴

  ☐ 无精打采

- 有什么方式，可以改善你的睡眠质量？

第 27 天
睡觉

第 28 天
一周总结

你可以这样形容你的这一周

   ···

你吃到最好吃的食物	听到最好听的歌
经历过最开心的一件事	值得骄傲的一件事

| 自言自语 |
　　年　月　日

今日幸福指数：
♡♡♡♡♡

   ·

我希望自己可以……

在过去的近一个月里,你……

接触了哪些不一样的事物?遇到了哪些新鲜的人?

有没有对自己来说充满幸福感的瞬间?

遇到了什么挫折?
是否曾为自己的一些行为和决定感到后悔?

学到了什么？达到了自己的小目标吗？

对于下一个月的自己，你……

 有什么样计划、希望与期许？

第 3 章
拥有一天的好心情，你可以做的有很多

我想和大家聊一聊，
生活中没有那么多快乐的时光

● "回想过去的生活，我经历过两段极为孤独的时光。第一段是……"

17岁，我独自到美国求学，去的是一个并没有很多中国学生的私立大学。即便我做足了心理准备，但第一次远离父母、独自生活在一个完全不了解的国家，我多少有些手足无措。初来的第一个学期，我没有朋友、不习惯这里的文化。曾经引以为豪的英语水平，充其量也只能让我听懂一小半的初阶心理学课程。

或许这么说显得有些自负，但学习对我而言从来都不是一件难事。直到高中毕业，我没有一天因为写不完作业而晚于晚上10点休息。在国内读书的时候，只要我想学，所有学科的知识我都可以很快地掌握。

然而，在大学的第一个学期，即便坚持每天7点钟起床，第一个出现在食堂和图书馆，我却依旧听不懂老师上课时提到的绝大多数心理学术语。即便整本教科书上都是密密麻麻的笔记，每一部分功课我都反复预习再复习，我却依旧只拿到了C+的考分。

现在回头想一想，那段时间的自己显得格外无助。因为我把所有的时间都花在了图书馆里，除了上课和老师互动、吃饭时和食堂大妈对话，我一天到晚，几乎没有可以张口的时刻。我没有朋友，没有派对，没有周末的狂野时光。笼罩在我周围的是永远安静而规律的生活。唯一排解孤独的方式,就是给分散在世界各地的高中好朋友们,写去一封又一封的信件。

如果习惯了当小河里的大鱼,那么在这条鱼终于游到了大海、第一次意识到自己微不足道的那一瞬间,往往会感到一切都难以接受。我也一样。大一上学期的每一天,我都在经历着巨大的心理落差,心里满是困惑:努力真的会有回报吗?我真的适合我所热爱的学科吗?留学生活真的如同自己想象的那样美好吗?

我花了很长一段时间,才让自己不再去想那些很长远的、没有答案的问题。既然我不知道自己四年之后会以什么样的成绩毕业、能不能找到工作,既然我没有办法改变自己已经做出的出国留学的决定,又为什么不把精力放在做好当下的每一件小事上呢?只要今天的我比昨天口语表达更顺畅了一点点,多听懂了老师的一句话,这不也是进步吗?

新学期伊始,我收到了很多来自大一新生的私信。你们说,新的学校、陌生的环境让你们觉得很无助、很自卑,还说羡慕我在什么环境里都能如鱼得水。

其实不是这样的。每个人只要在不断地向上攀爬,或多或少就会经历局促与窘迫感。我们应该庆幸自己始终身处一个并没有那么舒适的生活圈里。与此同时,除了更加努力地适应一个广阔、优异的环境,我们还能做什么来照顾好当下的情绪健康呢?

大一的我,选择把注意力放在了学习之外的角落。我开始问自己:即便你当下没办法成为一个最优秀的学生,有什么是你可以做到的呢?于是,在那个学期,我养成了定期献血的习惯;我开始每周到贫民窟里去教书、陪着被领养的中国孩子们玩耍。与其说是我在帮助别人,不如说是我通过和不同人群的交流互动,逐渐找回了属于自己的那份价值感和归属感。

我想,人长大的过程就是意识到生活并不是只有学业成绩、绩效考核的过程。我们是学生,是从业者,但也同样是子女、伴侣、朋友、父母……就好比在投资中,人们常说不要把所有的鸡蛋放在同一个篮子里,我们也不应把一个身份当作生活的全部。

尽管每个人的具体情况不尽相同,但或许你们也可以像当初的我一样,尝试着去找一找身上不同的角色标签,去创造一个更平衡、更多元化的自我。

● **"我生活里第二段极为孤独的时光,或许当属 2020 年了吧。"**

人的本性,往往都是恐惧未知的。相比于"不如意",对于未来的"不确定"可能更会让每一个人焦虑抓狂。2020 年所发生的一切,对于在异乡求学的我而言,便是如此。

回想一二月份疫情暴发的时候,我每天都捧着手机,担心着国内的亲友们。看着感染和死亡的人数一日日攀升,第一次切实体会到了人类的渺小与无助。

三月初，美国的疫情开始不受控制。平时从不缺货的超市柜台，一夜间也变得空空荡荡。人们着了魔似地抢购着卫生纸等清洁用品。我在航空限制之前，紧赶慢赶地买到了涨价前最后一波机票，开了五个多小时的车到了纽约肯尼迪机场，送别了父母和孩子。

从纽约返回波士顿的途中，我收到了学校的通知：春季学期的课，上课方式全部临时改为网上授课；所有需要和人接触的实验研究，全线暂停；科研数据储存在了加密的实验室里，学校关了门，数据分析也就变得不再现实。

再后来，很多关于局势紧张的消息传开了：大使馆关门，签证被取消，学者们被拒绝入境……那段时间，太多的不确定一股脑儿地朝我涌来：没有办法做实验，第二学年的中期论文怎么办？什么时候才可以和家人重聚？我应该选择回国吗？回了国的我，还能顺利地返回波士顿吗？

说实话，从三月底到暑假结束，和家人们的分离、长时间远离人群的生活、对于未来的不确定，还有生活上那些不便于分享的鸡零狗碎，让我的日常生活变得特别地低效率。闲下来的时候，我常常会陷入胡思乱想的怪圈，然后开始失眠，开始觉得生活中很多原本精彩的瞬间都变得索然无味。

我知道是时候迫使自己打破这样的负面循环了。既然没有办法控制那些不可控的，我就开始尝试着把注意力转移到生活中可以控制的事情上来。

我开始培养起那些平日里我看不上眼的小爱好:我逼着自己不再日日瘫坐在沙发上,而是每天硬着头皮、跟着健身博主"打卡"锻炼一个小时。还记得一开始健身的时候,我连五分钟都坚持不下来。因为肌肉酸痛,我连睡觉翻身都会被疼醒过来。但是渐渐地,我可以坚持的时间越来越长,手臂、腹部、臀部的肌肉力量也越来越强。

虽然如今我依旧是一个肉嘟嘟的女孩,但是我的体力、身形,都有了明显改善。

直到今天,健身对我来说依旧是一件很痛苦的事情。

但是这并不妨碍我每次"打卡"结束、大汗淋漓之后产生巨大的满足感,也并不妨碍我因锻炼后精疲力竭而安睡一整夜。更为旺盛的精力,也能确保我一天更高效地学习生活。

我还花了很多时间钻研烘焙等厨艺:我曾花一个下午的时间,去做一份低糖低卡的脏脏包;也曾为了买到最新鲜的食材,自己开车去很远的海滨铺子。

这几个月,我从基础的炒菜开始,学会了揉面发面、打发翻拌、煎炸烤炙、拉花摆盘……如今我可以挺自信地说,绝大多数的餐馆已经赶不上我的手艺了。每次花了一个下午,做出一份像样的佳肴,我就会喊朋友们打包带走,试着帮他们解一解长久的乡愁。听到他们的夸赞,我就会很开心。

对我来说,烘焙和锻炼一样,都是只要你付出了就能看到回报的事情。

这些生活上的兴趣爱好，可能听起来并没有那么积极向上，也和学业、事业毫无关联。

然而，过去的一年突然让我意识到了：人生是可以按下暂停键的。无止境地向前快跑固然让人钦佩，但是在那些困顿和不确定的时刻，偶尔缓一缓，去看一看生活中被忽视的小美好，真的也很重要。

或许在人生的困境里，这些"浪费时间"，比盲目奔驰更有意义。

● "在'活'好自己之前，我们首先要学会'爱'好自己。"

说实话，这篇分享，可能远不如其他的文章那么阳光、充满着正能量。最近我看到了太多高材生，因为暂时的生活困顿、职业瓶颈而放弃生命的新闻。

着实太可惜了。

谁的生活是一帆风顺的呢？如果说我人生中一个个小小的高光时刻，能够给愿意聆听的你们带来一点点鼓舞和思考，那么谁又能说，我所经历的挑战、所努力尝试的调整方式，不能给同样身处困境的你们带来一点点启发？

永远记得：在"活"好自己之前，
我们首先要学会"爱"好自己。

第五周

幸福不是一个地点,而是一个方向。

——悉尼·J. 哈里斯(Sydney J. Harris)

> 很多非常细微的小事，
> 其实都很有意义。

	周一	周二	周三	周四	周五	周六	周日
• 认真拥抱一次	♡	♡	♡	♡	♡	♡	♡
• 晒 20 分钟太阳	○	○	○	○	○	○	○
• 对着镜子说"你很棒"	△	△	△	△	△	△	△
• 换个角度看待那件糟心事	□	□	□	□	□	□	□
• 观察一件之前从未发现的小美好	☁	☁	☁	☁	☁	☁	☁

周一	周二	周三

周四	周五	周六	周日

重要事项

第 29 天
乐观的心态到底有多重要

20 世纪 80 年代,美国的科学家们对于一群 75 岁以上的修女们展开了追踪调查。

他们查阅了在 20 世纪 30 年代,这些修女们在年轻时写下的日记。

科学家们计算了日记中出现的积极词语和消极词语的频率,按照快乐程度,把修女们分成四组。

在之后的十余年间,科学家们持续追踪了修女们的健康状况,直至她们一一离世。

这些修女们每天的生活方式和饮食状况都是一样的,工作也几乎相同。

然而在写下日记的半个世纪后,那些最快乐的修女们的平均寿命,比最不快乐的多了将近 10 年。

从这项研究中我们可以看到,积极的情绪和乐观的心态,能让我们活得更为长久。

自言自语

　年　　月　　日

今日幸福指数：♡♡♡♡♡

今日小目标：

♥

♥

♥

最期待的事：

一日一记：
尝试着只用积极的词语记录今天的经历。

第 30 天
生而悲观的大脑

捡到 100 元的兴奋,能抵消丢了 100 元的沮丧吗?
往往不能。

为什么同等分量的快乐和悲伤不能相抵?

社会心理学家艾利森・莱杰伍德(Alison Ledgerwood)在 TED 演讲中说过一个有意思的实验。
他们把受试对象分成了两组,让他们分别做了一道简单的算术题:
在一场灾难里,如果总共有 600 人被埋,
救出了 100 人,有多少人牺牲?
牺牲了 100 人,又有多少人获救?

明明是一样的算术题(600-100=500),
第二组的受试对象,
却要花上比第一组多一倍的时间才能算出正确答案。

原来,人们的大脑有天然的悲观倾向:
相比于快乐,
我们的负面情绪总会停留得更久,
相比于收获,
失去也会对我们产生更为深远的影响。

正如一个硬币总有两面,一件事总有好与坏。
抵御生而悲观的大脑的负面影响,
最好的方法莫过于迫使自己换一种角度看世界。
如果从一开始就刻意关注自己所拥有的,
或许我们就不会因为未曾得到的而叹息。

你看到的是半杯水,还是半杯空气?由你自己决定。

| 自言自语 |

年　月　日

今日幸福指数：
♡♡♡♡♡

今日小目标：

最具幸福感的瞬间：

♥

♥

♥

一日一记：
写下一件让你不开心的事情，
然后努力换一个角度看待它。

第 31 天
笑口常开

如果你习惯性地皱着眉头，
即便当下你没有什么负面情绪，
你依旧在向周围散播着负能量，
依旧在把身边的人推开。
长此以往，
你会因莫名其妙地被拒绝而感到懊恼失落，
你的懊恼失落会进一步地展现在你的面部表情上。

这是一个很糟糕的负面循环。
所以我们真的应该时刻提醒自己"笑口常开"。
重视自己的表情管理，
不仅予人方便，更予己方便。

自言自语　　　　　　　　　　　　　　　今日幸福指数：
　　年　月　日　　　　　　　　　　　　　　

今日小目标：　　　　　　　　最感恩的一件事：

♥

♥

♥

一日一记：
试着罗列出五个生活中你习以为常但值得感恩的事物。
你会发现原来生活比想象的美好许多。

第 32 天
钱能"买"来快乐吗

马云曾说过:
自己最快乐的时候是一个月领 91 块钱工资的时候。

话一出口,便被网友们群嘲。
可我猜,他说的很有可能是实话。

很多人都以为钱能"买"来快乐。
心理学家们收集了大量数据,
却发现金钱"买"回来的快乐,
其实非常有限。

确实,在人们极度贫困的情况下,
每一分额外的收入都能给我们带来极大的幸福感;
可一旦我们的收入达到了社会中产水平,
一旦我们不需要为吃饱穿暖发愁,
金钱和幸福感可能就再也没有太大的关联了。
甚至从此以后,赚的钱越多,幸福感可能反而越少。

因为当温饱不再是问题的时候,
当曾经难以企及的事物都变得唾手可得的时候,
人们追求的就变成了人生的价值感与自我满足。

金钱,
或许真的买不来我们想要的幸福感。

自言自语

年　月　日

今日幸福指数：
♡♡♡♡♡

今日小目标：

♥

♥

♥

今天我学到了什么：

一日一思：
你对你现在的物质生活感到满意吗？
有没有什么是你非常想拥有，但其实并不是那么需要的东西？

第 33 天
日光浴

冬天来了，人们好像常常会比较抑郁。
这是为什么呢？

其实每天的日照长短和人的情绪密切相关。
充沛的阳光可以刺激褪黑素和维生素 D 的分泌，
调节我们的生物钟，帮助我们更好地入睡。

要像爷爷奶奶一样，没事常晒晒太阳呀。

自言自语

年　月　日

今日幸福指数：
♡♡♡♡♡

今日小目标：

♥

♥

♥

最期待的事：

一日一记：

今天，你生活的城市有太阳吗？为了帮助人们抵御"季节性抑郁症"，很多商家都设计了人造太阳灯呢。如果你感兴趣，不妨搜搜看哦。

20世纪50年代末,美国心理学家哈里·哈洛(Harry Harlow)曾做过一个臭名昭著却有革命性意义的实验。他把一些刚出生的小猴,从妈妈的身边带离,并为它们准备了两个替代"妈妈"。

一个"妈妈"是由铁丝网构成的,上面安置了一个奶瓶,坚硬冰冷,却可以给小猴提供充足的食物;另一个"妈妈"则是由毛巾制成的,柔软温暖,却无法提供实质性的帮助。

出乎研究人员意料的是,小猴只有在极为饥饿的情况下,才会选择去铁丝"妈妈"旁边喝奶。一旦有了饱腹感,它们就会飞快地跑到毛巾"妈妈"的身边,紧紧地搂住它。

这对于依恋关系的研究,可以说是一个创世纪的开端。通过小猴,心理学家第一次意识到了,或许人类除了吃饱穿暖的生理需求以外,有着更重要、更原始的需求——肌肤的亲密接触。

人与人之间的亲密接触,效用比我们想象的大得多。

刚出生的婴儿,只要没有重大疾病,首先应该做的不是检查,而是在开始啼哭的第一刻被放置在妈妈袒露的胸口上。出生后30分钟到1小时的肌肤之亲(skin to skin),可以很好地帮助孩子调节体温、稳定心跳,避免一系列的新生儿疾病。

美国著名家庭咨询师维吉尼亚·萨提亚(Virginia Satir)曾说过:我们每天需要4个拥抱去存活,需要8个拥抱去维持生活质量,需要12个拥抱得以自我成长。

自言自语

年　月　日

今日幸福指数：
♡♡♡♡♡

拥抱，或许可以减轻压力，降低生病概率，提高心脏功能，降低恐惧感，缓解疼痛，最终提升幸福感。

饱受煎熬的病人们，只要可以握住相爱之人的手，其痛苦就能显著地降低。

不要吝啬你的拥抱，不要拘谨着不伸出双手。拥抱一下自己的孩子和父母，亲亲自己的伴侣，拍拍同事的肩膀予以鼓励。

恰当、善意、彼此都接纳的肢体接触，带给我们的价值，比我们想象的大得多。

有时间，给自己，给你爱的人，一个温暖的拥抱吧。

第 34 天

拥抱

第 35 天
一周总结

   ....

你经历过最幸福的
瞬间是什么样的?

有什么人或物
让你感到快乐?

你完成了这些小目标

最有意义的一件事

自言自语
　　年　月　日

今日幸福指数:
♡♡♡♡♡

   ·

第六周

温柔的风,美丽的夕阳,解暑的西瓜,冒泡的可乐。人间的美好多着呢,你要相信你配得上世间所有的温柔。

每个人的快乐源泉都不尽相同，
选择五件最能让你感到快乐的事，
尝试着坚持做一周吧。

	周一	周二	周三	周四	周五	周六	周日
....	♡	♡	♡	♡	♡	♡	♡
....	○	○	○	○	○	○	○
....	△	△	△	△	△	△	△
....	□	□	□	□	□	□	□
....	☁	☁	☁	☁	☁	☁	☁

周四	周五	周六	周日

重要事项

研究表明,
长时间的孤独会让老年人过早死亡的概率提高14%,
其负面影响甚至超过了吸烟和酗酒。

不管你再怎么独立坚强,
人都是社群动物。

有时间的话,出门走走吧,
和陌生人说说话,
多陪陪家里人,
和新朋友、老朋友们好好聚一聚,
就算你再"宅",也需要朋友。

第 36 天
孤独症候群

| 自言自语 |
　　年　月　日

今日幸福指数：
♡♡♡♡♡

今日小目标：

今天我碰到了一个有趣的人：

....

....

....

....

....

....

....

一日一思：

● 一个人待着的时候，你都会做点儿什么呢？

● 你觉得自己是有效地排解了孤独，还是在选择逃避孤独呢？

和大家分享一个有意思的小故事：

之前在录制一档竞技类节目的时候，每回上场前编导都问我：
"你对比赛结果有什么期待呀？"
我总会笑笑回答说："没啥期待，肯定要被淘汰了。"

就这样一直问到了最后一轮，只剩下了三个参赛选手。
编导鼓励我："积极一点！大声喊出你的口号！"

我想了很久，说了句："保三争二吧。"

屋子里的一众人都沉默了，
从此以后，我在节目组里就落下个"悲观主义"的名号。

我还真的挺悲观主义的，
做什么事儿，总先想个最坏的结果。

但我一点也不讨厌自己的悲观主义。
预估到了最坏的情况，
每一次我都会考虑周全、全力以赴，
每一点收获对我来说都是莫大的惊喜。
我在意的从来都不是金光闪闪的奖杯，
而是咬牙拼搏、走在路上时的喜怒哀乐。

只要尽了全力，
我就会欣然拥抱和接受任何可能的结果。

如果我们真的做不到"没心没肺"，
那么你，愿意做一个乐观的悲观主义者吗？

第 37 天
做一个乐观的悲观主义者

| 自言自语 |

年　月　日

今日幸福指数：
♡♡♡♡♡

今日小目标：

今天的生活让我学到了：

一日一思：

- 与其一味地追求结果，拼尽全力、享受过程可能是我们更应该关注并做到的。

在你的生活中，你是否有类似的经历呢？

很多时候,
放下不是对仇者的宽恕,
而是对自我的救赎。

被愤怒、厌烦、憎恨、仇视所填充的内心,
哪里装得下幸福?

第 38 天
放下是一种自我救赎

自言自语

年　月　日

今日幸福指数：
♡♡♡♡♡

今日小目标：

☁

☁

☁

为了好好照顾自己今天我：

....

....

....

....

....

....

....

一日一记：

● 写下曾让你耿耿于怀，如今看来却能让你莞尔而笑的事。

愿你今日的念念不忘，也会成为10年之后的释然。

沈复先生曾在《童趣》一文中写道：
"见藐小之物必细察其纹理，
故时有物外之趣。"

少时背诵的时候，
并没有觉得这有什么了不起。
但如今看来，
能够感受到"物外之趣"，
能够发现藏匿在庸庸碌碌中的点滴幸福，
也是一种能力，
而且是一种随着我们长大，
逐渐消失的能力。

当我们学会放慢脚步，
慢下来、静下来的时候，
就会发现：
原来把到达终点视作唯一的目的，
我们会错过多少沿途的风景与美好。

我们步履匆匆地埋头前进，
可曾还记得看看身边的悠悠万事呢？

第 39 天
寻找幸福的能力

自言自语

　　年　月　日

今日幸福指数：
♡♡♡♡♡

今日小目标：

☁

☁

☁

一句自我激励的话：

....

....

....

....

....

....

....

一日一思：

● 今天有什么充满幸福感的小细节？
请详细描述出来。

1938年,哈佛心理学家们开始了人类历史上持续时间最长的追踪调查。

他们选取了724名刚刚踏入哈佛大学的男孩,相隔几年持续记录他们的职业起伏、婚姻状况。研究人员换了一批又一批,资金也好几次险些断流。从青葱少年开始,这个调查一直延续到男孩们的老年生活,以及生命终止的那一刻。

这个名为格兰特研究探究的问题只有一个:
什么样的人会活得更快乐、更幸福?

研究者们发现,绝大多数毕业生的人生都算得上成功。可是到50岁时,有1/3的被测者显现了心理问题。被测者一生的幸福程度和他们的收入水平、社会地位都没有什么相关性。

甚至很多人打破了研究者当年的预判:本应该很幸福的学生,却选择了举枪自尽;心理评分最低的学生,却安度了一个幸福又为人赞颂的晚年。

世界上真的有幸福公式吗?如果有,它到底是什么呢?

范伦特在《自我的智慧》中表示:除了成熟的心理防御机制外,幸福公式还包括教育、稳定的婚姻、不吸烟、不酗酒、适当的运动和健康的体重。

你猜对了吗?

第40天
格兰特幸福公式

自言自语

年　月　日

今日幸福指数：
♡♡♡♡♡

今日小目标：

☁

☁

☁

一日一思：

● 你觉得属于自己的幸福公式是什么样的？

你生命中最重要的五个人或者五件事又是什么呢？

我是如何为今天做好准备的：

....

....

....

....

....

....

....

每个人的生活都有很多"如果"。

如果当初的自己再勇敢一点点,或许就会去到新的城市,会认识想认识的人,会有不一样的发展规划……

但世界上哪有这么多的"如果"呢?珍惜当下,果敢、认真地生活,才会让未来的自己有信心说:我想要做的,都尝试过了呢。

闭上眼睛,设想一下:
假如现在的你已经 80 岁了,
有什么事情是你会后悔没来得及完成的呢?

│自言自语│
　　年　月　日

今日幸福指数：
♡♡♡♡♡

如果我无所畏惧

在事业上，
我会：

在生活上，
我会：

在人际关系上，
我会：

我会尝试
这样的冒险：

现在，有什么阻止了我实现这些计划？
为了克服恐惧，我可以尝试着做出这些小改变：

第 41 天
勇气

第 42 天
一周总结

   ·

- 我对自己有了新的理解：

- 和别人进行的一次有意思的对话：

- 我最享受的一个瞬间：

- 别人对我做过的一件好事：

- 我应该从他人身上学习的品质：

|自言自语|
　年　月　日

今日幸福指数：
♡♡♡♡♡

   ································

● 我希望自己可以：

第 4 章

加油，我们都要成为更好的自己

我第一次意识到自己的"没有故事",是在高二结束的那个夏天。

那个时候,我踌躇满志,想要报考常春藤盟校,正坐在电脑桌旁写着留学申请用的个人陈述。我原以为自己有很多故事可以写:当了五年的班长,在初中、高中都是学生会主席;组织了大大小小上百场学生活动,也参与了不少市里、省里的比赛……然而,当我自信满满地把大纲交给文书顾问的时候,他只看了五秒钟就否定了我所有的想法。

他说:"我当顾问才两三年,已碰到了近十个学生会主席。你觉得一个招生官每年能碰见多少个'三好学生'?读过多少份千篇一律的文书?你需要有能让人一眼记住的故事。这个故事不用惊天动地,甚至不需要有完美的结局,但它一定要是一个只属于你的故事。"

只属于我的故事?我记得我在电脑旁,整个下午我都精神恍惚,愣是没想到自己一丁点特立独行的地方。

直到我逐渐长大,认识了更多的朋友和学生,才发现,很多人都和我一样"没有故事"。

这样的"没有故事"并不代表着我们的学业成绩不够优异,工作表现不够完美。相反,我们往往琴棋书画样样都懂,德智体美全面发展。我们中的绝大多数都是听话的好孩子:参加着老师觉得最适合的活动,报考了父母认为最有前途的专业。

然而我们都一样,都没有故事。

均有涉猎，却无一精通，是我们的共性：有些同学学习弹琴，坚持了五六年，却因为繁重的学业而草草放弃了。于是他们高中毕业的时候，能用一曲流行乐换得阵阵掌声，却不能独立上台弹奏巴赫、贝多芬的作品。有些同学钻研奥数，勉强拿了市里的几张奖状，却在冲刺国家队的时候意识到自己实在不是学习数学的料，于是放弃了周末的竞赛班，转而补习起了英语化学……

我们什么都会一点儿，却在什么方面都称不上"大家"。

父母鼓励，老师支持，是我们选择的依据。从小时候上台唱歌跳舞开始，我们永远做着别人认为最适合我们的事：周末怎么安排，选择文科或理科，毕业了去哪个单位，几岁结婚，几岁生子……不是没有想过叛逆一回，但父母的唠叨，老师的教诲，让我们还未出发就选择了放弃。

我们有目标，却没梦想；有动力，却没激情。

如果用一句话来概括我们目前为止的样子，那就是："别人家的孩子"。

无故事的人，无故事得千篇一律；有故事的人，却有故事得千变万化。

· · ·

我昔日的朋友们早已遍布五湖四海。虽然还都是二十出头的年纪，未来的路却早已各不相同。

L 是我小学初中的同班同学，热爱音乐，从小学习琵琶、钢琴。每天放学回家,别人掏出作业本,她掏出五线谱。乐声到八九点才会停止,之后她才开始加紧赶作业。在我的记忆里,她五年级就能弹出《十面埋伏》,初一就可以自己作曲。然而她的成绩一直位列中下,也不止一次因为交不出作业而被老师叹息着评价为"不学无术"。琴弹得再好又有什么用?照样不能去一所好大学。

后来中考,她去了一所普普通通的高中,我们就断了联系。再一次遇见时,她作为交换生,在德国汉堡学习古典乐作曲,拜托我看看她在乌克兰音乐论坛上的演讲稿。在上海音乐学院每年寥寥无几的古典作曲学生中,她是最优秀的之一。我听说,她的作品被选入演出,最近她受邀参加奥地利的 Crossroads 音乐节。

· · ·

K 曾经是班里的叛逆孩子。父母的"高压"压迫让他做了几年的好学生,他终于在考上一所不错的大学以后彻底放纵——抽烟喝酒,打架逃学。最终,他意识到自己热爱的是健身而非科研。于是他努力戒烟,认真学习专业知识。

他最后放弃了知名大学的毕业证书,在大多数同学还没有步入社会的时候,他早已工作几年,走遍北上广。他虽背不出英语单词,却说得出身上每一块肌肉的学名;虽不会做高等数学题,却知道怎么让女孩吃得满足又避免摄入过多热量。每次遇见,他都会兴奋地和我分享自己新学习的健身知识,告诉我怎么样避免肌肉损伤。听说,他最近打算开一家自己的健身工作室。

第一次和 D 见面,就觉得他是未来的商人。当时,他毫不犹豫地向我推销着自己的手机维修服务。果不其然,他在大学的第一年,便创立了一家修手机的公司。招员工,收提成,写代码,和别人相比,他似乎不太在乎自己的绩点。大一结束,他参加了黑客马拉松大赛,实习拿到了几万美金,索性休学回了国。

再次听到他的消息,是因为他的新公司在留学圈引起了轰动。他一个人写程序、找人脉、拉投资,用两年的时间把自己的公司做成中国最大的互联网留学平台。照片里,作为公司首席技术官(CTO)的他整整胖了一圈儿,意气风发。

如果有咖啡,我愿意坐下来,和这些人唠一下午的嗑。

其实要成为一个有故事的人真的不容易:它需要有力排众议的勇气,有孤注一掷的决心,有持之以恒的耐力,还要有不惧失败的豁达。它更需要我们有一颗明镜般的心:明白自己真正想要什么,适合什么;应该紧握什么,能放下什么。

我曾想,做一个"别人家的孩子"也挺好的。在众人的褒奖声中长大,找到一份还可以的工作,过一个还可以的人生。虽没有什么大功大德,却也不会经历什么大起大落。这样的人生,平平稳稳,倒也舒坦。

然而,高二结束的那个夏天,当我坐在那张电脑桌前颓唐不已的时候,我忽然意识到:比起不优秀,我更无法忍受自己"没有故事"。我无法想象多年以后,当自己被曾经的老师谈论起时,他们忆起的只有"成绩还不错,活动也挺多";我更无法想象,当我面对着自己的孩子时,如何谈起自己曾经的梦想和人生。

你呢?你愿意为自己的人生负责、做一个有故事的人吗?

第七周

不求此生匆匆过,但求每日都成长。

——埃里克·巴特沃思(Eric Butterworth)

> "突破自我"听上去很难,
> 但每天尝试一点点,
> 你或许会爱上那个勇于尝试的自己。

	周一	周二	周三	周四	周五	周六	周日
• 和一个陌生人交流	♡	♡	♡	♡	♡	♡	♡
• 做一件你不敢做的事	○	○	○	○	○	○	○
• 拒绝那件你不喜欢的事情	△	△	△	△	△	△	△
• 提出一个憋在心里的诉求	□	□	□	□	□	□	□

周一	周二	周三

周四	周五	周六	周日

重要事项

第 43 天
空心病

2016 年,"空心病"一词腾空而出。

北京大学学生心理健康教育与咨询中心专职咨询师语出惊人:
"北大近四成新生认为活着没有意义。"

有幸踏入全中国顶尖学府的佼佼者们,
本应是众人仰慕的对象,却认为活着没有意义。
更可怕的是,报道一出,表达出感同身受的声音不绝于耳。

空心病患者不同于抑郁症患者,前者没有明显的自杀倾向。
他们虽然没有对于死亡的追求,
却也没有对于努力奋斗的渴望。

他们不明白:
为什么要努力读书?为什么要努力生活?
为什么要找好的工作?为什么要赚钱养家?

当我们从小就被功利的目标牵着走的时候,
当人生失去了其根本意义、我们没有了使命感的时候,
我们的内心必然会失去它的尺度,
生命也必然失去它的神圣感。

触目惊心,可悲可叹。
你,是空心病患者之一吗?
你,在无意中创造着一个空心病患者吗?

自言自语

年　月　日

今日幸福指数：
♡♡♡♡♡

今日小目标：

♡

♡

♡

最期待的事：

一日一思：

对于你来说，人生的意义是什么呢？
现在的生活符合你的预期吗？

第 44 天
使命感

"想当年,我们食不果腹、衣不蔽体的时候,依旧觉得世界充满希望。为什么现在的年轻人,反而觉得活着没有意义了呢?"

马斯洛需求层次理论把人类一生的追求分成了五个不同的层次。

对于马斯洛来说,当一个人最基本的生理与安全需求得到满足的时候,他渴望的,便是归属和爱、尊重与自我实现。

因此,在现代社会里,与其说服自己或孩子,高一点的工资可以换来更宽敞的房间、更多的山珍海味,不如在心里种下一颗使命感的种子。多了解一下他人的疾苦,多问一问自己:这个世界,为什么需要我?又可以因为我而变好多少?

当我们承受的,不再只是自己一个人的悲欢,

当我们的努力拼搏,不再只是为了自己的吃饱穿暖,我相信,拥有信念感与使命感的我们,一定可以走得更长、更远。

| 自言自语 |
| 年　月　日

今日幸福指数：
♡♡♡♡♡

今日小目标：

最具幸福感的瞬间：

♥

♥

♥

一日一思：
认真想一想，你想成为什么样的人？想要做什么样的事？
世界可以因为你而有什么样的不同？

第 45 天
自我激励与外界奖励

一个老爷爷家门口的院子里，总会有一群调皮的孩子来玩耍。院子被折腾得乱七八糟，老爷爷也因为噪声不堪其扰。

爷爷想了很多办法阻止孩子进入：他建起了高高的围墙，可孩子依旧有办法翻墙而过；他恐吓着说要向家长投诉，孩子就和他打游击战。

老人家越费力，孩子反而越挫越勇。

后来，老爷爷想到了一个很好的办法：他把这群孩子叫到跟前说道："对不起，之前是我太固执了，如今我想通了。你们的到来，给这个冷清的院子增添了许多活力。为了感谢你们，我决定从今以后，你们每来玩一次，我就奖励每个人 2 美元。"

孩子们一听，天下居然有这等好事？自然是乐颠颠地每天前来。

过了几天，老爷爷装作愁眉不展的样子。"对不起，我最近手头有点拮据，只能给大家 1 美元了。"

孩子们不太高兴了。

又过了几天，老爷爷表示自己连 1 美元也拿不出来了。

孩子们一听，说道："是你求着我们来玩的，如今连钱都不给，怎么能白白享受我们的欢笑声？"

从此以后，孩子们再也没来过院子。可是他们都忘了，曾经因为单纯的喜欢，他们愿意为这个院子付出多少。

当我们面对挑战的时候，自我激励和外在激励同等重要。但不恰当的外在激励，往往会磨灭我们的初心和热情。

自言自语

　　年　　月　　日

今日幸福指数：♡♡♡♡♡

今日小目标：

♥

♥

♥

最期待的事：

一日一思：

什么是你的一生挚爱？
你又为什么要努力奋斗呢？

第 46 天
成长型思维

当你失败了,受挫了,被批评了,
你是在想
"我本来就没有天赋,生而愚蠢",
还是在想
"一定是因为我不够努力,
我一定是有进步空间的"?

后者,就是我们所谓的成长型思维。

你眼中的世界是什么样子,
你所感受到的世界就是什么样子。

相信我:
拥有这种思维,
不仅能够让我们好好地拥抱建设性的意见,
更能够让我们在面对任何挑战时都笃定而自信。

相信自己的潜能,
是幸福感最直接的源泉。

自言自语

年　月　日

今日幸福指数：
♡♡♡♡♡

今日小目标：

♥

♥

♥

最期待的事：

一日一思：
你觉得自己是一个什么样的人？
试着用成长型思维描述一下你自己。

第 47 天
这世上本没有什么感同身受

这世上本没什么感同身受。
你认为的轻描淡写,可能是别人过不去的坎;
你觉得的惊天动地,可能别人毫无所谓。
即便你们真的走过了同一段路,
经历了同一件事,
你又如何能说:
你的悲伤,等于他的悲伤;
你的痛苦,就是他的痛苦?

我们绝没有理由,
以自己的体悟,
去推断、评判、苛责任何一个人。
即便那是你的子女、
你的伴侣、
你最亲密的朋友。

别把同情,当作共情。

自言自语

年　月　日

今日幸福指数：
♡♡♡♡♡

今日小目标：

♥

♥

♥

最期待的事：

一日一思：
你是否有错把"同情"当作"共情"的经历？
以后应该如何避免类似的事情发生呢？

长大之后才发现：人越成长、地位越高，往往越经不住别人的苛责挑剔。听到异议之后的愤愤然，除了让我们变成负面情绪里的困兽，毫无意义。

你有"内自省"的能力吗？有拥抱建设性意见的胸襟吗？有正视自己缺陷的勇气吗？

- 最值得称赞的三个品质：

- 并不是那么可爱的三个小缺点：

- 最近收到的建设性意见：

- 我听到这些意见的反应是：

第 48 天
自省

| 自言自语 |
　　年　月　日

今日幸福指数：
♡♡♡♡♡

趁着周末，不妨和身边最亲密的人来一场开诚布公的对话，问一问他们：

- 在我身上，你最欣赏和喜欢的特质是什么？

- 哪些是我可以改进的地方？
  如何才能让我成为更好的自己？

- 通过这些对话，我收获了什么？

- 我想要采纳这些建议：

第 49 天
一周总结

一周以来,你学到了……

回顾过去的一周

- 最具有挑战性的事情是什么样的?

- 最不同寻常的事情是什么样的?

- 我应该在这些事情上多投入一点精力:

自言自语
　　年　月　日

今日幸福指数:
♡♡♡♡♡

下一周,
我希望在这些方面变得更好……

第八周

> 很多事情就像旅行一样,
> 当你决定要出发的时候,
> 最困难的部分就已经完成了。

为了成为更好的自己,
有什么小习惯是你愿意坚持的?
写下来,认认真真地"打卡"一周吧!

　　　　周一　周二　周三　周四　周五　周六　周日

周四	周五	周六	周日

重要事项

美国心理学家塞利格曼做了一项经典的实验：

心理学家把一条小狗关在铁笼里。最开始的时候，只要蜂音器一响，笼子就会通电。小狗受到电击，自然痛苦得上蹿下跳，试图逃避电击。

可是数次挣扎之后，小狗便会意识到，这时的它无论如何努力，都没有办法逃脱被电击的命运。

紧接着，心理学家改变了策略：这一次，蜂音器响后，电击并没有接踵而至。相反，心理学家打开了铁门。可是自由明明就在咫尺之外，小狗却没有选择逃离。即便铁笼子里没有任何电流，小狗听到蜂音器响声，还是会不自主地倒在地上呻吟和颤抖。此时的小狗，绝望到看不见眼前的希望。

这就叫作"习得性无助"。

如果你曾经观察大象表演，就会发现，驯兽师只需要把一根小小的木桩往地上一插，成年大象们就如同被锁死一般，安安静静地待在原地。

是大象的力量没办法和一根小小的木桩抗衡吗？绝对不是。
只不过是因为在幼时，小象们在木桩上的铁链下做出了千百次的徒劳挣扎。习惯了被束缚，又怎么会想到再努力一次呢？

习得性无助在人类的身上也时有发生。

可怕的绝不是一次次的失败，而是数次跌倒以后，我们早已失去了"再试一次"的勇气。

第 50 天
习得性无助

| 自言自语 |

年　月　日

今日幸福指数：
♡♡♡♡♡

今日小目标：

☁

☁

☁

今天我碰到一个有趣的人：

一日一思：

- 有没有什么事情，是你潜意识里就觉得自己没办法做到的？

  或许可以试着告诉自己——再试一次吧，或许下一次，就成功了呢？

美国的心理学家曾经做过这样一个调查:

他们找到了几个高中里长得最好看、最受欢迎的女生,长期跟踪她们的幸福指数。

这些女生在学校里不是啦啦队队长,就是社团主席。她们曾是众星捧月、最幸福的一群人。

可是心理学家却发现:
她们毕业之后进入社会,却往往成了最不幸福的人之一。

为什么呢?
想要长久的幸福,我们必须建立并持续提升自己的受挫能力。
我们必须能够拥抱人生的起起落落,并直面挑战。

对于这些女生来说,
曾经过于容易的成功给她们构建了过于简单的世界观。
她们会觉得自己可以利用好看的外表、甜美的声音、性感的身材永远获利。
她们也因此忽略了:一个人的内在修养和持续增长的综合实力,远比外貌要重要得多。

所以教育学家们通常会鼓励良性的压力,
以及可承受能力范围之内的挫折挑战。

在年轻的时候,我们的试错成本真的很低,
而认真复盘的收获却有很多。

全力以赴地尝试、尽情地折腾,
然后彻彻底底地失败几次。

从失败中积累经验教训、痛定思痛,
然后掸掸灰尘继续上路,
才是最好的选择。

第 51 天
别用"一帆风顺"毁了一个人

自言自语

年　月　日

今日幸福指数：
♡♡♡♡♡

今日小目标：

今天的生活让我学到了：

一日一思：

● 你曾经做过最艰难的事是什么？

● 你又从中收获了什么？

每当反映不公的新闻出现在大众的视野里，总会有一群人跳出来：被侵犯了？一定是因为你穿得太少！被抢劫了？一定是因为你太招摇！被家暴了？一定是因为你也犯了什么不为人知的错误……

"受害者有罪论"随处可见。可究竟是什么原因，让我们在面对受害者的第一秒，不是带着同情，而是下意识地找理由替坏人开脱呢？

其实每个人都愿意相信这个世界是公正的：恶有恶报，善有善终；天道一定酬勤。因为这样的世界对我们而言是有规律可循的，让我们每个人都有了更多安全感。

很多人千方百计地对受害者进行道德审判，无非是想要安慰自己：只要我们循规蹈矩，厄运就不会降临在自己的头上。

可惜这个世界并不完美：施暴者并不只对"坏人"施暴，坏人也不会因为你"积了德"而饶你一命。

如果我们执着地追寻着完美世界，若有一天，不幸降临到自己头上，我们会崩溃，会拒绝接受事实，甚至会千方百计地替坏人找理由。"一定是我哪里做得不够好——只要我做得更好一点，他就不会辱骂、殴打我了。"

不论受害者是他人还是自己，请一定要记住：这个世界上绝对有毫无理由的恨，一个巴掌也一定能拍得响。施暴者加于受害者的痛苦和受害者的行为毫无关联。该被人唾弃的永远是施暴者，而不是无辜而又无助的受害者。

公正世界，本就是个谬论。

第 52 天
公正世界谬论

自言自语
　年　月　日

今日幸福指数：
♡♡♡♡♡

今日小目标：

☁

☁

☁

一日一思：

● 别人施于你伤害，很多时候都是毫无理由的。

你曾被"受害者有罪论"伤害过吗？

为了好好照顾自己，今天我：

....

....

....

....

....

....

....

第二次世界大战的时候，人们发现：在所有幸存返航的轰炸机中，机翼上弹孔很多，而机尾上弹孔却很少。

如果你是当时工程师，你觉得飞机上的哪一部分需要额外保护、加固呢？

很多人第一反应都认为答案是机翼。

如果我们仔细想一想，就不难发现：

我们能收集到的样本，本身就与"幸存者偏差"有关。

那些能够被拿来做分析研究的飞机，至少都成功地飞回来了。又有多少飞机，因为被击中了机尾，不幸坠毁？

从这个角度来思考：机翼中弹，反而有更大的可能性返航。

其实每个人在生活中，都会遇到幸存者偏差。

年轻的孩子们，总抱怨着"读书无用"：随便当一个游戏主播就可以赚到很多钱。可他们却没有想过，那些穷困潦倒的直播从业者们，其实根本不可能出现在他们的视线范围之内。

总看见很多的"成功人士"，拿着自己的成长个例，忽悠学员为"经验论"买单。可人与人的成长环境、时机条件截然不同，成功又怎么可能"复制"？

幸存者偏差是一个很可怕的认知误区。它会带给我们很多的不甘心，也能在我们做选择时误导我们。

所以下一次，在盲目跟风之前，在愤愤不平之际，请先想一想：你看到的，究竟是事实的全部，还是寥寥无几的"幸存者们"？

第 53 天
幸存者偏差

自言自语

年　月　日

今日幸福指数：
♡♡♡♡♡

今日小目标：

-
-
-

一句自我激励的话：

一日一思：

- 在生活中，你是否曾经被幸存者偏差所误导了呢？

畅销书作者、主持人特蕾西·麦克米伦(Tracy McMillan)曾说过:
我们最应该结婚的对象,
其实是自己。

和自己"结婚",
意味着不论贫穷还是富裕,
不论疾病还是健康,
你都真实地接受并爱着自己。
在你需要自己的时候,
你都能够做到不离不弃,
直到永远。

很多人都没有和自己"结婚"的能力了。
碰到挫折、低谷的时候,
你会否定自己吗?
遇见负面情绪的时候,
你会厌恶自己吗?
当别人不爱你的时候,
你还会爱着自己吗?

在与他人结婚之前,
请先和自己"结婚",
因为除了自己之外,
没有人有义务爱你一辈子。

第 54 天
和自己"结婚"

自言自语

年　月　日

今日幸福指数：
♡♡♡♡♡

今日小目标：

☁

☁

☁

我是如何为今天做好准备的：

....

....

....

....

....

....

....

一日一思：

● 你好好地爱自己了吗？
　你最喜欢自己的什么品质？

17岁的时候,我和朋友们一起去丽江旅行。在古镇的街边,我们发现了一家叫"时光胶囊"的店。

店铺里的姐姐说,如果我们愿意,可以写一封给未来自己的信。信件交由他们保管,五年之后他们会帮我们寄出。

觉得新奇,却也将信将疑,我写下了那封送给未来自己的信件。

那时,我高中刚毕业,迫不及待地想要离开父母,独立探索广袤的大千世界。

所以信中充满了对于未来的期许和幻想,还有故作成熟的叮咛。

那个时候的我,觉得五年实在太过漫长。

后来,我搬了家、出了国,渐渐地把这件事抛到了脑后。

没想到,店家竟然真的履行了承诺。于是我在收拾旧房子信箱的时候,在一堆废弃的广告纸中间,看到了这封泛黄的信。拆开信的一刹那,我感觉真的很奇妙。看着年少时故作成熟的叮咛,五年间的一幕幕都在眼前闪过——有辛酸,有骄傲,有庆幸,有懊悔。

但最重要的是,在那一瞬间,我才发现:

原来在提笔畅想未来的时候,
我开始对自己的人生有了规划和期许;
我认认真真地思考了自己的缺陷和不足;

原来那封早已被我忘记的信,
在无形中,始终引领和规划着我的未来。

自言自语

年　月　日

今日幸福指数：
♡♡♡♡♡

你希望五年之后的自己在哪里？在做着什么？
以什么样的状态生活着呢？
你有什么样的期待和叮咛？

不妨在这里，记录下属于你的五年之约。
送给未来的，最亲爱的自己。

第 55 天
自・我

第 56 天
一周总结

- 我最骄傲的一件事

- 最喜欢的一句座右铭

- 我克服的一项挑战

- 我学到了什么

自言自语

年　月　日

今日幸福指数：
♡♡♡♡♡

在未来的生活中

我希望自己可以……

在过去的近一个月里，你……

 接触了哪些不一样的事物？遇到了哪些新鲜的人？

 是否经历了一些意义深刻、值得记录的事？

 割舍了哪些事物？告别了哪些不健康的关系和生活习惯？

你为了照顾好自己的身体和心灵,都做了什么样的努力?

对于未来的自己,你……

 希望培养哪些长期的习惯?

在"自言自语"的旅途中

 对自己的哪些方面有了更深入的理解?

 拥有了哪些特别的体验和经历?

 勇敢地和什么人或者事说了"再见"?

看到了生活中哪些充满美的瞬间?

 收获了什么？有了哪些具体的成长和改变？

我的愿望清单

每个人的一生都是一本厚厚的书:

用呱呱坠地开头,

以与世长辞结尾。

但其中的每一章、每一行,

都需要我们自己书写。

自言自语的旅程到这里就告一段落,

但是人生的篇章,

还有太多的未完待续……